THÉORIE
DU
CHOC DES CORPS.

Par M. l'Abbé GIRAULT DE KOUDOU,
Licencié en Théologie, de la Société Royale,
ancien Principal du College de Cornouailles,
Professeur de Philosophie en l'Université
de Paris, au College Royal de Navarre.

A PARIS,

Chez la veuve BARROIS & Fils, Libraires,
quai des Augustins.

M. DCC. LXX.

Avec Approbation, & Privilege du Roi.

AVANT-PROPOS.

La matiere de cette Théorie a été traitée par grand nombre d'Auteurs : les uns n'ont appliqué le calcul qu'à certains phénomenes, & ont déduit les autres par des raisonnemens métaphyſiques ; dans d'autres ouvrages, on emploie des conſtructions géométriques pour repréſenter les effets de la colliſion, & pour en déterminer les regles & les circonſtances.

Obligé par état d'éclaircir les différentes parties de Méchanique, j'ai cherché les principes d'où dérive tout ce qui appartient au choc des corps. J'ai réduit ces principes en formules algébriques. La généralité de ces formules, la facilité de les découvrir, l'uniformité de leur application à tous les cas particuliers, ſont les avantages qui réſultent de la méthode que j'ai ſuivie.

La troisieme Partie de cette Théorie eſt abſolument neuve ; du moins je ne connois aucun ouvrage écrit ſur le même ſujet. Dans les deux premieres Parties, j'ai inſéré pluſieurs propoſitions ou applications qui ne ſe trouvent point ailleurs : telles ſont celles des n°s. 10, 12, 13, 15, 16, 20, 21, 26, 54, 55, 60, 61, 62, 63 , & le reſte de la ſeconde Partie, depuis le n°. 92 , où les propoſitions ſont déduites des formules générales , ſans conſidérer ſéparément les différentes directions primitives des corps.

Les Auteurs qui ont écrit ſur cette matiere , & qui y ont répandu des lumieres dont je me ſuis fait un devoir de profiter, ſont MM. Bernoully, Wolf, Bezout , l'Abbé Boſſut.

M. d'Alembert a un droit univerſel ſur la reconnoiſſance de ceux qui cultivent les ſciences : c'eſt dans les ou-

AVANT-PROPOS.

vrages de ce grand Géometre que fe trouvent analyfés les vrais principes de toutes les fciences ; c'eft à fon génie qu'eft due la révolution qui commence à s'accomplir, & qui rappellera à des formules algébriques toutes les queftions relatives à la Méchanique, à l'Aftrono-mie, & aux autres parties de la Phy-fique.

partiendra : SALUT. Notre amé le sieur Abbé GIRAULT DE NOU-
DOU Nous a fait exposer qu'il desireroit faire imprimer & donner
au public un Ouvrage qui a pour titre, *Théorie du choc des corps,*
s'il nous plaisoit lui accorder nos Lettres de Permission pour ce
nécessaires. A CES CAUSES, voulant favorablement traiter l'Exposant, Nous lui avons permis & permettons par ces Présentes,
de faire imprimer ledit Ouvrage autant de fois que bon lui sem-
blera, & de le faire vendre & débiter par tout notre Royaume
pendant le tems de trois années consécutives, à compter du jour
de la date des Présentes. FAISONS défenses à tous Imprimeurs,
Libraires, & autres personnes, de quelque qualité & condition
qu'elles soient, d'en introduire d'impression étrangere dans aucun lieu de notre obéissance. A LA CHARGE que ces Présentes
seront enregistrées tout au long sur le Registre de la Communauté
des Imprimeurs & Libraires de Paris, dans trois mois de la date
d'icelles ; que l'impression dudit Ouvrage sera faite dans notre
Royaume, & non ailleurs, en bon papier & beaux caracteres ;
que l'Impétrant se conformera en tout aux Réglemens de la Li-
brairie, & notamment à celui du 10 Avril 1725, à peine de
déchéance de la présente Permission ; qu'avant de l'exposer en
vente, le Manuscrit qui aura servi de copie à l'impression dudit
Ouvrage, sera remis, dans le même état où l'Approbation y aura
été donnée, ès mains de notre très cher & féal Chevalier, Chan-
celier, Garde des Sceaux de France, le Sieur de MAUPEOU ; qu'il
en sera ensuite remis deux Exemplaires dans notre Bibliotheque
publique, un dans celle de notre Château du Louvre, & un dans
celle dudit Sieur de MAUPEOU ; le tout à peine de nullité des
Présentes. DU CONTENU desquelles VOUS MANDONS & enjoignons
de faire jouir ledit Exposant & ses ayant causes, pleinement &
paisiblement, sans souffrir qu'il leur soit fait aucun trouble ou em-
pêchement. VOULONS qu'à la copie des Présentes, qui sera im-
primée tout au long au commencement ou à la fin dudit Ouvrage,
foi soit ajoutée comme à l'original. COMMANDONS au premier
notre Huissier ou Sergent sur ce requis, de faire pour l'exécution
d'icelles tous actes requis & nécessaires, sans demander autre per-

miſſion ; & nonobſtant clameur de haro, charte Normande, &
lettres à ce contraires ; Car tel eſt notre plaiſir. Donné à Paris,
le treizieme jour du mois de Décembre, l'an de grace mil ſept
cent ſoixante-neuf, & de notre regne le cinquante-cinquieme.

PAR LE ROI EN SON CONSEIL.

Signé, Le Begue.

*Regiſtré ſur le Regiſtre de la Chambre Royale & Syndicale des Libraires
& Imprimeurs de Paris, Fol. 70, conformément au Reglement de 1723, qui
fait défenſes, art. 41, à toutes perſonnes, de quelque qualité & condition
qu'elles ſoient, autres que les Libraires & Imprimeurs, de vendre, débiter,
faire afficher aucuns livres pour les vendre en leurs noms, ſoit qu'ils s'en diſent
les auteurs ou autrement, & à la charge de fournir à la ſuſdite Chambre neuf
exemplaires preſcrits par l'art. 108 du même Réglement. A Paris, ce 15 Décembre 1769. Signé*, Briasson, Syndic.*

THÉORIE

THÉORIE
DU CHOC DES CORPS.

PROPOSITIONS PRÉLIMINAIRES.

PREMIERE PROPOSITION.

I. **D**ans le mouvement uniforme, la mesure de la vîtesse est le quotient de l'espace divisé par le tems.

Démonstration. Le corps va plus ou moins vîte, selon que, dans un même tems, il parcourt plus d'espace, ou qu'il emploie moins de tems à parcourir le même espace : or le quotient de l'espace divisé par le tems croît ou décroît dans le même rapport ; donc la

A

vraie mesure de la vîtesse est l'espace divisé par le tems employé à le parcourir.

COROLLAIRE I.

II. Soient la vîtesse $= V$,

le tems $= T$,

l'espace $= S$;

on aura $V = \dfrac{S}{T}$.

COROLLAIRE II.

III. Il faut une vîtesse infinie, soit pour parcourir un espace infini dans un tems fini, soit pour parcourir un espace fini dans un tems infiniment petit.

Dém. Dans le premier cas, $V = \dfrac{\infty}{1} = \infty$: dans le second, $V = \dfrac{1}{\frac{1}{\infty}} = \infty$.

COROLLAIRE III.

IV. Une vîtesse infiniment petite suffit pour parcourir un espace fini dans un tems infini, ainsi que pour un espace infiniment petit dans un tems fini.

Dém. Dans le premier cas, $V = \dfrac{1}{\infty}$: dans le second, $V = \dfrac{\frac{1}{\infty}}{1} = \dfrac{1}{\infty}$.

COROLLAIRE IV.

V. De ces trois choses, V, S, T, deux étant données, il est aisé de trouver la troifieme, puifque l'on a ces trois équations,

$$V = \frac{s}{T},$$
$$S = VT,$$
$$T = \frac{s}{V}.$$

PROPOSITION II.

VI. Les vîteffes de deux corps font entre elles directement comme les efpaces, & réciproquement comme les tems.

Dém. Selon le n°. II, $V = \frac{s}{T}$:

par la même raifon . . . $u = \frac{s}{t}$;

donc . . . . . $V \cdot u :: \frac{S}{T} \cdot \frac{s}{t}$.

COROLLAIRE.

VII. De cette propofition on déduira l'équation générale $sVT = Sut$, qui fert de bafe aux différens rapports que l'on peut chercher entre les efpaces, les tems & les vîteffes.

PROPOSITION III.

VIII. La mefure de la force d'un corps, ou de fon mouvement, eft le produit de fa maffe par fa vîteffe.

Dém. Le corps ne fauroit aller plus ou moins vîte qu'aucune de fes parties ; donc il faut répéter la vîteſſe du corps autant de fois qu'il y a de parties dans la maſſe , ou multiplier la maſſe par la vîteſſe.

COROLLAIRE I.

IX. Soit la force $= F$,
la maſſe $= M$,
la vîteſſe $= V$;
on aura l'équation $F = MV$.

COROLLAIRE II.

X. La force d'une maſſe finie ne peut être qu'infiniment petite , ſi la vîteſſe eſt infiniment petite.

Dém. Dans cette hypotheſe ,

$$F = 1 \times \frac{1}{\infty} = \frac{1}{\infty}.$$

C'eſt ſur ce corollaire qu'eſt fondée la différence entre la force de *percuſſion* & celle de *ſimple preſſion*.

COROLLAIRE III.

XI. Une vîteſſe finie , communiquée à une maſſe infiniment petite , ne peut produire qu'une force infiniment petite.

Dém. Dans cette hypotheſe , $M = \frac{1}{\infty}$, & $V = 1$; donc $F = \frac{1}{\infty} \times 1 = \frac{1}{\infty}$.

COROLLAIRE IV.

XII. Le *lieu géométrique* du mouvement uniforme eſt l'aire d'un rectangle, dont la hauteur exprimeroit la vîteſſe, & la baſe exprimeroit la maſſe.

Dém. L'aire de ce rectangle eſt le produit de ſa baſe par ſa hauteur ; donc elle eſt égale à $MV = F$; donc, &c.

COROLLAIRE V.

XIII. De ces trois choſes, F, M, V, deux étant connues, il eſt aiſé de connoître la troiſieme, puiſque l'on a ces trois équations,

$$F = MV,$$
$$V = \frac{F}{M},$$
$$M = \frac{F}{V}.$$

COROLLAIRE VI.

XIV. On peut auſſi dire que $F = \frac{MS}{T}$.

Dém. Par la troiſieme propoſition,

$$F = MV :$$

mais (II) $\qquad V = \frac{S}{T}$;

donc, ſubſtituant, $\quad F = \frac{MS}{T}$.

PROPOSITION IV.

XV. Les forces de deux corps font en raifon compofée de leurs maffes & de leurs vîteffes.

Dém. Selon la troifieme propofition,
$$F = MV,$$
&, par la même raifon, $f = mu$;
donc . . . $F \cdot f :: MV \cdot mu.$

COROLLAIRE I.

XVI. De cette propofition fuit l'équation générale $Fmu = fMV$, qui fert à déterminer les différens rapports des forces, des maffes & des vîteffes.

COROLLAIRE II.

XVII. De la même propofition, en y joignant l'article XIV, on déduira cette autre équation, $FTms = ftMS$, qui a auffi fon application dans les problêmes de Dynamique.

PROPOSITION V.

XVIII. La mefure de la vîteffe relative eft toujours la différence ou la fomme des vîteffes abfolues.

Dém. On appelle *relative* la vîteffe par laquelle un corps s'approche d'un autre : or, fi les corps vont en même fens, ils ne s'approchent l'un de l'autre que par la différence de leurs vîteffes ; mais s'ils viennent en fens contraire, les deux vîteffes abfolues concourent à les approcher ; donc, &c.

COROLLAIRE I.

XIX. Si l'un des corps eft en repos, la vîteffe relative eft la même que la vîteffe abfolue.

Dém. Selon la cinquieme propofition,
$$R = V \mp u :$$
mais, par hypothefe, $u = o$;
donc . . . . . . $R = V.$

COROLLAIRE II.

XX. La vîteffe relative eft nulle, lorfque les corps vont en même fens & que leurs vîteffes abfolues font égales.

Dém. Dans cette hypothefe, $R = V - u$: de plus, $V = u$; donc $V - u = o$; donc $R = o.$

COROLLAIRE III.

XXI. Si les corps viennent en fens contraires avec des vîteffes égales, alors la vîteffe relative eft double de la vîteffe abfolue de chaque corps.

Dém. Dans cette fuppofition, $R = V + u :$

pareillement $V = u$; donc $V + u = 2\,V = 2\,u$; donc $R = 2\,V = 2\,u$.

P R O B L E M E.

XXII. Connoissant les vîtesses & la distance de deux corps mus sur une même ligne, trouver le point où ils se rencontreront.

Solution. Soient les vîtesses $V,\ u$, la distance d.

1°. S'ils vont en même sens : soit l'espace que le premier parcourt $= x$; l'espace à parcourir en même tems par le second sera égal à $d + x$; &, par l'art. VII, on aura
$$V \cdot u :: d + x \cdot x;$$
donc $\qquad V x - u x = u d;$

donc $\qquad x = \dfrac{u\,d}{V - u}.$

Selon cette sol. si $d = 30$ pieds, $V = 3$ p. par seconde, $u = 2$, on voit que $x = 60$ pieds.

2°. S'ils viennent en sens contraires : soit x l'espace parcouru en vertu de u; l'espace décrit en vertu de V sera $d - x$:

ainsi $\qquad V \cdot u :: d - x \cdot x;$

donc $\qquad V x + u x = u d;$

donc $\qquad x = \dfrac{u\,d}{V + u}.$

Dans l'exemple précédent, $x = 12$ pieds.

PREMIERE PARTIE.

Sur les corps sans ressort.

PREMIER AXIOME.

1. **L**ORSQUE deux corps vont en même sens, le mouvement gagné dans le choc par le plus lent, est perdu par le corps choquant.

AXIOME II.

2. Si les corps viennent en sens contraires, le choc détruira dans l'un & l'autre des quantités égales de mouvement.

COROLLAIRE.

3. Après le choc, il ne restera que la différence des mouvemens primitifs.

THÉOREME.

4. Si deux corps se choquent, ou en même sens, ou en sens contraires, la somme ou la différence des mouvemens sera la même avant & après le choc.

Démonstration. Dans le premier cas, il n'y a point de mouvement perdu (1) : dans le second cas, la même différence subsiste (3); donc, &c.

COROLLAIRE.

5. Soient les masses M, m,
les vîtesses V, u :
la quantité de mouvement, avant & après le choc, sera $\qquad M V \pm m u$.

AXIOME III.

6. L'action mutuelle des corps dure jusqu'à ce qu'ils aient une même vîtesse.

COROLLAIRE.

7. Soit cette vîtesse commune $= c$: on aura (XIII) $c = \dfrac{M V \pm m u}{m + m}$.

PROBLEME I.

8. Déterminer les vîtesses de M & de m après le choc.

Solution. Ces deux vîtesses font égales (6); donc (7) chacune est $= \dfrac{M V \pm m u}{M + m}$.

PROBLEME II.

9. Déterminer la vîtesse x perdue par M dans le choc.

Sol. Il est évident que M a perdu dans le choc toute sa vîtesse primitive, excepté ce qui lui en reste; donc $x = V - c$: mais (7) $c = \dfrac{MV \pm mu}{M + m}$;

donc $x = V - \left(\dfrac{MV \pm mu}{M + m} \right) = \dfrac{mV \mp mu}{M + m}$.

COROLLAIRE.

10. Si M est un multiple quelconque q de m, la vîtesse perdue dans le choc par M sera la fraction $\dfrac{1}{q + 1}$ de $V \mp u$.

Dém. Selon le n°. 9, $x = \dfrac{mV \mp mu}{M + m}$: mais, par hypothese, $M = mq$; donc

$$x = \frac{mV \mp mu}{mq + m} = \frac{V \mp u}{q + 1} = \frac{1}{q + 1} \times (V \mp u).$$

Si, par exemple, $M = m$, la vîtesse perdue par M sera la demi-différence, ou la demi-somme des vîtesses primitives, selon que les corps seront mus, ou en même sens, ou en sens contraires.

PROBLEME III.

11. Trouver la portion y de vîtesse gagnée par m dans le choc.

Sol. 1°. Si les corps vont en même sens avant le choc, il est clair que la vîtesse gagnée par m n'est que l'excès de la vîtesse commune sur la vîtesse primitive; donc $y = c - u$:

mais lorsque les corps vont en même sens;
on sait (7) que $c = \dfrac{MV + mu}{M + m}$;

donc $y = \dfrac{MV + mu}{M + m} - u = \dfrac{MV - Mu}{M + m}$.

2°. S'ils viennent en sens contraires, il
doit arriver la même chose que si m, étant
en repos, étoit frappé par M avec la somme
des vîtesses primitives : or, dans cette supposition, le mouvement, avant & après le choc,
seroit (4) $MV + Mu$; donc (7) la vîtesse
de m, après le choc, seroit $\dfrac{MV + Mu}{M + m}$; donc,
lorsque les corps viennent en sens contraires,
la vîtesse de m, après le choc, est réelle-
ment (8) $\dfrac{MV + Mu}{M + m}$: or, lorsque les corps
viennent en sens contraires, la vîtesse m,
après le choc, est la même que la vîtesse acquise dans le choc, puisque toute sa vîtesse
primitive est détruite; donc $y = \dfrac{MV + Mu}{M + m}$;
ainsi, dans les deux cas, la vîtesse gagnée
par m sera $y = \dfrac{MV \mp Mu}{M + m}$.

COROLLAIRE I.

12. Si M est un multiple quelconque q
de m, la vîtesse gagnée dans le choc par m
sera la fraction $\dfrac{q}{q + 1}$ de $V \mp u$.

Dém. Selon le n°. 11 , $y = \frac{MV \mp Mu}{M + m}$: or, par hypothese, $M = mq$; donc, fubfti-tuant , $y = \frac{mqV \mp mqu}{mq + m} = \frac{q}{q + 1} \times (V \mp u.$

Soit, par exemple, $M = m$: dans cette fuppofition , la vîteffe gagnée par le corps choqué fera la demi différence , ou la demi-fomme des vîteffes primitives.

COROLLAIRE II.

13. Lorfque M eft multiple de m , la fomme des vîteffes perdue par M , & gagnée par m , eft toujours la différence , ou la fomme des vîteffes primitives.

Dém. La vîteffe perdue par M eft (10)
$$x = \frac{1}{q + 1} \times (V \mp u) :$$
la vîteffe gagnée par m eft (12)
$$y = \frac{q}{q + 1} \times (V \mp u) : \text{ or}$$
$$\frac{q}{q + 1} \times (V \mp u) + \frac{1}{q + 1} \times (V \mp u) = V \mp u ;$$
donc, &c.

PREMIERE REGLE.

14. Si m eft en repos avant le choc, les deux corps auront, après le choc, des vî-teffes égales.

Dém. La vîteffe de chacun , après le choc, eft (8) $\frac{MV \pm mu}{m + m}$: mais , par hypothefe , $u = 0$;

donc la vîtesse de chaque corps, après le choc, sera $\dfrac{MV}{M+m}$.

COROLLAIRE I.

15. Si m est un multiple quelconque q de M, la vîtesse de chacun, après le choc, sera la fraction $\dfrac{1}{q+1}$ de V.

Dém. Par hypothese, $m = Mq$: mais (14) la vîtesse de chaque corps est $\dfrac{MV}{M+m}$; donc subftituant Mq au lieu de m, on aura

$$c = \frac{MV}{M+Mq} = \frac{V}{q+1} = \frac{1}{q+1} \text{ de } V.$$

Ainfi, m étant fucceffivement fuppofée égale, double, triple, &c. ou infinie par rapport à M, les vîtesses de chaque maffe, après le choc, feront fucceffivement $\frac{1}{2}$, $\frac{1}{3}$, $\frac{1}{4}$, $\frac{1}{5}$, &c. ou $\frac{1}{\infty}$ de V.

COROLLAIRE II.

16. Si M est un multiple quelconque q de m, la vîtesse de chaque corps, après le choc, fera la fraction $\dfrac{q}{q+1}$ de V.

Dém. La vîtesse de chaque corps, après le choc, est (14) $\dfrac{MV}{M+m}$: mais, par fuppofition, $M = mq$; donc, fubftituant,

$$c = \frac{mqV}{mq+m} = \frac{qV}{q+1} = \frac{q}{q+1} \text{ de } V.$$

Ainsi, M étant fucceffivement fuppofée égale, double, triple, &c. ou infinie par rapport à m, la vîteffe commune fera fucceffivement $\frac{1}{2}$, $\frac{2}{3}$, $\frac{3}{4}$, $\frac{4}{5}$, &c. ou $\frac{1}{1}$ de V.

REGLE II.

17. Si, avant le choc, les deux corps vont en même fens; après le choc ils fuivront leur premiere direction avec des vîteffes égales.

Dém. Puifque les corps vont en même fens avant le choc, la vîteffe de M, après le choc, fera (8) $\frac{MV + mu}{M + m}$: pareillement celle de m fera $\frac{MV + mu}{M + m}$; donc les vîteffes feront égales & pofitives.

COROLLAIRE I.

18. Si les maffes font égales, la vîteffe de chacune, après le choc, fera la démi-fomme des vîteffes primitives.

Dém. La vîteffe de chaque corps, après le choc, eft (17) $\frac{MV + mu}{M + m}$: mais, par hypothefe, $M = m$; donc la vîteffe, après le choc, fera $\frac{MV + Mu}{2M} = \frac{V + u}{2}$.

COROLLAIRE II.

19. Dans la même supposition, la vîtesse de chaque corps, après le choc, sera moyenne proportionnelle arithmétique entre les vîtesses primitives.

Dém. La moyenne proportionnelle arithmétique entre V & u est $= \dfrac{V + u}{2}$.

COROLLAIRE III.

20. Dans la même hypothese, si V est un multiple quelconque q de u, la vîtesse de chaque corps, après le choc, sera la fraction $\dfrac{q + 1}{2}$ de u.

Dém. Par la nouvelle supposition $V = u\,q$; donc $\dfrac{V + u}{2} = \dfrac{u\,q + u}{2} = \dfrac{q + 1}{2}\,u$.

Ainsi, faisant successivement V double, triple, quadruple, &c. ou infini par rapport à u, la vîtesse commune sera successivement $\frac{3}{2}$, $\frac{4}{2}$, $\frac{5}{2}$, &c. ou ∞ de u.

COROLLAIRE IV.

21. Dans l'hypothese du corollaire III, si q est un nombre impair, la vîtesse de chaque corps, après le choc, sera toujours un multiple de u.

Mais

Mais si q est un nombre pair, la vîtesse commune ne pourra jamais être exprimée par un nombre entier.

REGLE III.

22. Lorsque deux corps mus en sens contraires se choquent avec des mouvemens égaux, ils feront en repos après le choc.

Dém. La vîtesse de chacun, après le choc, est (8) $\dfrac{MV - mu}{M + m}$:

mais, par hypothese, $MV = mu$;

donc $\dfrac{MV - mu}{M + m} = 0$.

COROLLAIRE.

23. La même chose arrivera, s'ils se rencontrent avec des masses qui soient en raison renversée des vîtesses.

Dém. Par hypothese, $M \cdot m :: u \cdot V$; donc $MV = mu$; donc, &c.

REGLE IV.

24. Si les corps se rencontrent avec des forces inégales, ils suivront, après le choc, la direction du plus fort, avec des vîtesses égales.

Dém. La vîtesse de chacun, après le choc, est (8) $\dfrac{MV - mu}{M + m}$; donc, 1°. les vîtesses seront

B

égales; 2°. $\frac{MV - mu}{M + m}$ fera positive, puisque $MV > mu$.

COROLLAIRE I.

25. Si les masses font égales, la vîtesse de chacune, après le choc, fera la demi-différence des vîtesses primitives.

Dém. La vîtesse de chaque corps, après le choc, est (24) $\frac{MV - mu}{M + m}$: mais, par suppofition, $M = m$; donc la vîtesse fera

$$\frac{MV - Mu}{2M} = \frac{V - u}{2}.$$

COROLLAIRE II.

26. Dans la même suppofition, fi V est un multiple quelconque q de u, la vîtesse commune, après le choc, fera la fraction $\frac{q - 1}{2}$ de u.

Dém. Dans la même suppofition, la vîtesse de chaque corps, après le choc, est $\frac{V - u}{2}$: mais, par hypothefe, $V = uq$; donc

$$\frac{V - u}{2} = \frac{uq - u}{2} = \frac{q - 1}{2} u.$$

Ainfi, V étant fuccefsivement fuppofée double, triple, quadruple, &c. ou infinie par rapport à u, la vîtesse commune fera

$$\tfrac{1}{2}, \tfrac{2}{2}, \tfrac{3}{2}, \tfrac{4}{2}, \&c. \infty \text{ de } u.$$

On peut faire ici la remarque du n°. 21.

COROLLAIRE III.

27. Si les vîteſſes ſont égales avant le choc, la vîteſſe de chaque corps, après le choc, eſt à chacune des vîteſſes primitives, comme la différence des maſſes eſt à leur ſomme.

Dém. Chaque vîteſſe, après le choc, eſt

$$(24) \qquad c = \frac{MV - mu}{M + m} :$$

mais, par hypotheſe, $V = u$; donc

$$c = \frac{MV - mV}{M + m}, \text{ ou } = \frac{Mu - mu}{M + m} ;$$

d'où il eſt aiſé de déduire la proportion

$$c \cdot V :: M - m \cdot M + m,$$

ou $\qquad c \cdot u :: M - m \cdot M + m.$

SECONDE PARTIE.

Sur les corps à reſſort.

PRINCIPES GÉNÉRAUX.

PREMIER PRINCIPE.

28. Lorsque les corps ſont parfaitement élaſtiques, la vîteſſe perdue par le choquant M eſt $= \dfrac{2\,m\,V \mp 2\,m\,u}{M + m}$.

Démonſtration. Dans le cas du reſſort parfait, la vîteſſe perdue par le corps choquant eſt double de celle qu'il auroit perdue s'il avoit été ſans reſſort, puiſque le reſſort en détruit autant que le choc : or la vîteſſe que M auroit perdue, s'il avoit été ſans reſſort, eſt (9) $\dfrac{m\,V \mp m\,u}{M + m}$; donc, dans le cas du reſſort parfait, la vîteſſe perdue ſera

$$\frac{2\,m\,V \mp 2\,m\,u}{M + m}.$$

COROLLAIRE I.

29. Si le choqué eſt en repos avant la

collision, la vîtesse perdue par M sera égale à $\frac{2\,m\,V}{M+m}$.

COROLLAIRE II.

30. Si les deux corps sont mus avant le choc, alors la vîtesse que perd M est à celle qu'il auroit perdue si m eût été en repos, comme la différence, ou la somme des vîtesses primitives est à la vîtesse de M avant le choc.

Dém. Dans le premier cas, la vîtesse perdue par M est (28) $\frac{2\,m\,V \mp 2\,m\,u}{M+m}$; dans le second cas, elle seroit (29) $\frac{2\,m\,V}{M+m}$: or

$$\frac{2\,m\,V \mp 2\,m\,u}{M+m} \cdot \frac{2\,m\,V}{M+m} :: V \mp u \cdot V ;$$

donc, &c.

THÉOREME I.

31. La vîtesse totale de M, après le choc, est
$$x = \frac{M\,V - m\,V \pm 2\,m\,u}{M+m}.$$

Dém. Il est évident que M aura, après le choc, toute sa vîtesse primitive, excepté la portion qu'il en a perdue : or cette portion est (28) $\frac{2\,m\,V \mp 2\,m\,u}{M+m}$; donc

$$x = V - \left(\frac{2\,m\,V \mp 2\,m\,u}{M+m} \right) = \frac{M\,V - m\,V \pm 2\,m\,u}{M+m}.$$

B iij

COROLLAIRE.

32. Le corps M suivra sa premiere direction, sera réfléchi, ou en repos, après le choc, selon que $MV - mV \pm 2mu$ sera positif, ou négatif, ou égal à zéro.

PRINCIPE II.

33. Dans le cas du ressort parfait, la vîtesse acquise par le choqué m est

$$\frac{2MV \mp 2Mu}{M + m}.$$

Dém. Dans le cas du ressort parfait, la vîtesse acquise par m est double de celle qu'il auroit acquise s'il avoit été sans ressort, puisque le ressort en produit autant que le choc : or la vîtesse que m auroit acquise s'il avoit été sans ressort, est (11) $\frac{MV \mp Mu}{M + m}$; donc, dans le cas du ressort parfait, la vîtesse acquise par m sera $\frac{2MV \mp 2Mu}{M + m}.$

COROLLAIRE I.

34. Si m est en repos avant le choc, la vîtesse acquise sera $\frac{2MV}{M + m}.$

COROLLAIRE II.

35. Lorsque les deux corps sont mus avant le choc, la vîtesse acquise par m est à celle

qu'il auroit acquife s'il avoit été en repos avant le choc, comme $V \mp u$ eft à V.

Dém. Dans la premiere fuppofition, la vîteffe acquife par m eft (33)

$$\frac{2MV \mp 2Mu}{M+m};$$

dans la feconde hypothefe, elle feroit (34)

$$\frac{2MV}{M+m}:$$

or $\quad \frac{2MV \mp 2Mu}{M+m} \cdot \frac{2MV}{M+m} :: V \mp u \cdot V;$

donc, &c.

THÉOREME II.

36. La vîteffe totale de m, après le choc, eft $\qquad y = \dfrac{2MV \mp Mu \pm mu}{M+m}.$

Dém. Si les corps vont en même fens avant le choc, m aura, outre fa vîteffe primitive, toute celle qu'il acquiert par le choc; donc fa vîteffe totale fera $\frac{2MV \mp 2Mu}{M+m} + u$: s'ils viennent en fens contraires, m n'aura que l'excès de la vîteffe acquife fur fa vîteffe primitive; donc fa vîteffe totale fera

$$\frac{2MV \mp 2Mu}{M+m} - u;$$

donc, dans les deux cas, la vîteffe totale de m fera $y = \frac{2MV \mp 2Mu}{M+m} \pm u$; donc, réduifant en fraction, $y = \dfrac{2MV \mp Mu \pm mu}{M+m}.$

Application des Principes généraux.

PREMIERE HYPOTHESE.

37. Je suppose le corps m en repos avant le choc.

COROLLAIRE I.

38. Dans cette hypothese, la vîtesse de M, après le choc, sera $\dfrac{MV - mV}{M + m}$.

Dém. La vîtesse de M, après le choc, est (31) $\dfrac{MV - mV \pm 2mu}{M + m}$: mais, par hypothese, $u = 0$; donc cette vîtesse se réduit à

$$\frac{MV - mV}{M + m}.$$

COROLLAIRE II.

39. Dans la même hypothese, la vîtesse totale de m, après le choc, sera $\dfrac{2MV}{M + m}$.

Dém. La vîtesse de m, après le choc, est (36) $\dfrac{2MV \mp 2Mu \pm mu}{M + m}$: mais, par hypothese, $u = 0$; donc la vîtesse de m, après le choc, devient $\dfrac{2MV}{M + m}$.

COROLLAIRE III.

40. Dans la même hypothese, la vîtesse totale de m, après le choc, est égale à la

vîtesse acquise, puisque celle-ci est aussi (34)
$$\frac{2\,M\,V}{M+m}.$$

Dans la supposition de m en repos avant le choc, il peut arriver trois choses : M peut être égal, plus grand, ou moindre que m.

PREMIERE REGLE.

41. Lorsque les masses sont égales, M sera en repos après le choc, & m sera mu avec toute la vîtesse primitive de M.

Dém. 1°. La vîtesse de M, après le choc, est (38) $\frac{M\,V - m\,V}{M+m}$: mais, par supposition, $M = m$; donc $\frac{M\,V - m\,V}{M+m} = 0$.

2°. La vîtesse de m, après le choc, est (39) $\frac{2\,M\,V}{M+m}$: mais, par supposition, $M = m$; donc $M + m = 2\,M$; donc $\frac{2\,M\,V}{M+m} = V$; ainsi la vîtesse de m, après le choc est $= V$.

COROLLAIRE I.

42. Dans une suite de globes égaux, A, B, C, D, E, F, si A agit sur B, après le choc F sera mu avec la vîtesse primitive de A; & tous les autres globes feront en repos.

Dém. Par le choc de A contre B, A reste

en repos , & *B* prend toute la vîtesse primitive de *A* (41).

Pareillement, par le choc de *B* contre *C*, *B* est réduit au repos, & *C* prend toute la vîtesse de *B*.

La même chose arrivera dans le choc de *C* contre *D*, & ainsi des autres; donc, &c.

Ce phénomene, constaté par l'expérience, ne peut être arrêté par la contiguité des globes *B*, *C*, *D*, *E*; puisque, pendant toute l'opération du choc, les globes sont applatis, & par conséquent la contiguité nulle.

COROLLAIRE II.

43. Si le choc se fait par les deux globes *A*, *B*; alors les deux derniers *E*, *F* s'en vont, le reste étant en repos.

Dém. Par l'action de *B* sur *C*, le globe *F* doit s'en aller (42) : pareillement, par l'action de *A* sur *B*, le globe *E* doit se mouvoir; donc, &c.

REGLE II.

44. Si le choquant a plus de masse que le choqué, 1°. le choquant suivra toujours sa premiere direction.

Dém. La vîtesse de *M*, après le choc, est (38) $\dfrac{MV - mV}{M + m}$:

or, par hypot. $M > m$; donc $MV > mV$; ainsi la vîtesse de M, après le choc, sera positive.

45. II°. La vîtesse de M, après le choc, sera à la vîtesse primitive, comme la différence des masses est à leur somme.

Dém. La vîtesse de M, après le choc, est (38) $\frac{MV - mV}{M + m}$: or il est évident que

$$\frac{MV - mV}{M + m} \cdot V :: M - m \cdot M + m.$$

46. III°. La vîtesse de m, après le choc, sera plus grande que la vîtesse primitive de M; mais elle n'en sera jamais double.

Dém. 1°. La vîtesse de m, après le choc, est (39) $\frac{2MV}{M + m}$: mais, par supposition, $M > m$; donc $2M > M + m$; donc, &c.

2°. Si elle pouvoit valoir $2V$, on auroit alors $\frac{2MV}{M + m} = 2V$; & par conséquent

$$2MV = 2MV + 2mV:$$

or $2MV$ est nécessairement moindre que $2MV + 2mV$; donc, &c.

47. IV°. La vîtesse de m sera égale à la somme des vîtesses de M avant & après le choc.

Dém. La vîtesse de M, après le choc, est (38) $\frac{MV - mV}{M + m}$: sa vîtesse primitive est $= V$:

leur somme est $\frac{MV - mV}{M + m} + V = \frac{2MV}{M + m}$, qui (39) exprime la vîtesse de m après le choc.

48. V°. La même vîtesse de m, après le choc, est à la vîtesse primitive de M, comme le double de M est à la somme des masses.

Dém. La vîtesse de m, après le choc, est (39) $\frac{2MV}{M + m}$: or il est évident que

$$\frac{2MV}{M + m} \cdot V :: 2M \cdot M + m.$$

49. VI°. Les vîtesses de M & de m, après le choc, seront entre elles comme la différence des masses est au double de M.

Dém. La proportion à démontrer est

$$\frac{MV - mV}{M + m} \cdot \frac{2MV}{M + m} :: M - m \cdot 2M,$$

dont l'exactitude est évidente.

COROLLAIRE I.

50. Si les masses des trois corps M, x, m décroissent, la vîtesse de m, après le choc médiat, sera plus grande qu'elle n'eût été après le choc immédiat de M.

Dém. La vîtesse de m, après le choc immédiat de M, seroit (39) $\frac{2MV}{M + m}$; c'est-à-dire, le double du mouvement primitif du corps choquant, divisé par la somme des masses : pareillement, quand x est choqué

par M, fa vîteffe, après le choc, eft $\frac{2MV}{M+x}$;
donc fon mouvement eft (VIII) $\frac{2MVx}{M+x}$;
& le double du mouvement de x, qui va
choquer m, eft $\frac{4MVx}{M+m}$; ainfi, divifant par
$x+m$, la vîteffe de m, après le choc médiat, fera $\frac{4MVx}{Mx+x^2+Mm+mx}$: or cette fraction eft plus grande que $\frac{2MV}{M+m}$.

Pour les comparer enfemble, je multiplie
les deux termes de $\frac{2MV}{M+m}$ par $2x$; ce qui fait
$\frac{4MVx}{2Mx+2mx}$.

Ces deux fractions ayant maintenant même
numérateur, la plus grande eft celle dont le
numérateur eft moindre : or
$(Mx+x^2+Mm+mx) \lt (2Mx+2mx)$;
parceque, fouftrayant la premiere quantité
de la feconde, on trouve
$2Mx+2mx-Mx-x^2-Mm-mx=$
$Mx-x^2-Mm+mx$; différence réelle &
pofitive, puifqu'elle eft le produit de $M-x$
par $x-m$.

COROLLAIRE II.

51. En augmentant le nombre des maffes
intermédiaires & décroiffantes, on augmen-

tera aussi la vîtesse de m après le choc médiat.

Dém. Soient les corps M, x, y, z, m : la vîtesse de y sera plus grande après le choc de x, qu'après le choc de M (50) : pareillement la vîtesse de z sera plus grande après le choc de y, qu'elle n'eût été après le choc de x; donc la vîtesse de m croîtra sans cesse par le choc des corps x, y, z.

PROBLEME I.

52. Déterminer le corps à interposer, pour que m ait la plus grande vîtesse.

Sol. Soit le corps à interposer $= x \cdot$ la vîtesse de m, après le choc de x, sera (50)

$$\frac{4\,M\,V\,x}{M\,x + x^2 + M\,m + m\,x}:$$

mais, par hypothese, cette vîtesse est un *maximum ;* donc

$$\frac{\begin{cases} 4\,M^2\,V\,x\,dx + 4\,M\,V\,x^2\,dx + 4\,M^2\,m\,V\,dx + 4\,M\,V\,m\,x\,dx \\ -4\,M^2\,V\,x\,dx - 8\,M\,V\,x^2\,dx \qquad\qquad -4\,M\,V\,m\,x\,dx \end{cases}}{(M\,x + x^2 + M\,m + m\,x)^2} = 0;$$

donc, réduisant & multipliant le second membre par le dénominateur du premier, il reste

$$4\,M^2\,V\,m\,dx - 4\,M\,V\,x^2\,dx = 0;$$

donc, divisant par $4\,M\,V\,dx$, on trouve

$$M\,m - x^2 = 0,$$

ou $\qquad\qquad M\,m = x^2,$

ou enfin $\qquad\qquad M \cdot x :: x \cdot m ;$

ainſi le corps à interpoſer doit être moyen proportionnel géométrique entre M & m.

Pour s'aſſurer d'être parvenu à un *maximum* plutôt qu'à un *minimum*,

1°. Soient les maſſes $M, x, m \div 4 \cdot 2 \cdot 1$; on aura $\dfrac{4 M V x}{M x + x^2 + M m + m x} = \dfrac{32 V}{18} = \dfrac{16 V}{9}$.

2°. Soient les maſſes $M, x, m = 4, 1, 1$; on aura $\dfrac{4 M V x}{M x + x^2 + M m + m x} = \dfrac{16 V}{10}$.

Or $\dfrac{16 V}{10} < \dfrac{16 V}{9}$; donc la vîteſſe de m, après le choc, eſt moindre, lorſque x n'eſt pas moyen proportionnel entre M & m; ainſi on eſt dans le cas du *maximum*, lorſque x eſt moyen proportionnel géométrique entre ces corps.

Remarque.

Après avoir découvert par l'analyſe la condition du corps à interpoſer pour obtenir le *maximum* de vîteſſe dans m, on peut auſſi employer la ſyntheſe pour démontrer la même vérité.

53. Il s'agit de faire voir que le corps x à interpoſer doit être moyen propoᵣtionnel géométrique, pour que m ait la plus grande vîteſſe.

En effet, interpoſons un autre corps z,

plus grand, ou moindre que x : je dis que la vîtesse de m, après le choc de x, sera plus grande qu'après le choc de z.

Dém. La vîtesse de m, après le choc de x, est (50)

$$\frac{4\,M\,V\,x}{M\,x + x^2 + M\,m + m\,x} :$$

pareillement, après le choc de z, elle sera

$$\frac{4\,M\,V\,z}{M\,z + z^2 + M\,m + m\,z} :$$

mais, par supposition, $M \cdot x :: x \cdot m$; donc $M\,m = x^2$; donc, substituant x^2 au lieu de $M\,m$ dans les deux fractions, on aura

$$1^o. \quad \frac{4\,M\,V\,x}{M\,x + 2\,x^2 + m\,x},$$

$$2^o. \quad \frac{4\,M\,V\,z}{M\,z + z^2 + x^2 + m\,z} ;$$

donc, divisant tous les termes de la premiere fraction par x, & tous ceux de la seconde par z, on a

$$1^o. \quad \frac{4\,M\,V}{M + m + 2\,x},$$

$$2^o. \quad \frac{4\,M\,V}{M + m + z + \dfrac{x^2}{z}}.$$

Puisque ces deux fractions ont même numérateur, elles seront entre elles réciproquement comme leurs dénominateurs : ainsi

la vîtesse de m, après le choc de x,
est à sa vîtesse après le choc de z ;

comme

comme $M + m + \zeta + \dfrac{x^2}{\zeta}$

eft à $M + m + 2x$,

& par conféquent

comme $M\zeta + m\zeta + \zeta^2 + x^2$

eft à $M\zeta + m\zeta + 2x\zeta :$

or $M\zeta + m\zeta + \zeta^2 + x^2 > M\zeta + m\zeta + 2x\zeta$;
car, fouftrayant la feconde quantité de la premiere, il refte

$$M\zeta + m\zeta + \zeta^2 + x^2 - M\zeta - m\zeta - 2x\zeta = \zeta^2 - 2x\zeta + x^2,$$

qui eft une différence pofitive, puifqu'elle eft le quarré de $x - \zeta$, ou de $\zeta - x$.

COROLLAIRE.

54. Si les maffes M & m font peu différentes, on obtiendra auffi un *maximum* de vîteffe, par l'interpofition d'un corps moyen proportionnel arithmétique.

Dém. Il fuffit de faire voir qu'entre des grandeurs peu différentes, la moyenne proportionnelle arithmétique eft égale à la géométrique, ou que les quarrés de ces moyennes proportionnelles font égaux.

Soient les grandeurs peu différentes a, $a \pm d$: le quarré de la moyenne proportionnelle géométrique eft $a^2 \pm ad$:

la moyenne proportionnelle arithmétique eft égale à $\qquad a \pm \dfrac{d}{2}$;

C

donc son quarré sera $a^2 \pm ad + \frac{d^2}{4}$:

or $a^2 \pm ad = a^2 \pm ad + \frac{d^2}{4}$, puisque $\frac{d^2}{4}$ est à négliger, à cause de la petitesse de d.

PROBLEME II.

55. Dans une suite géométrique décroissante, où le quotient soit q, & le nombre des corps n, trouver la vîtesse ω du dernier corps après le choc.

Solution. Soit la suite

$$\therefore m q^n \cdot m q^{n-1} \cdot m q^{n-2} \cdot m q^{n-3} \cdot m q^{n-4} \ldots m q^{n-n}.$$

Par supposition, la vîtesse du choquant $m q^n$ est $= V$.

Celle de $m q^{n-1}$ est (50) égale à

$$\frac{2 m q^n V}{m q^n + m q^{n-1}} = \frac{2 q V}{q + 1}.$$

Pour avoir celle de $m q^{n-2}$, selon le n°. 50, je multiplie $\frac{2 q V}{q + 1}$, vîtesse du corps précédent, par sa masse $m q^{n-1}$: je double cette quantité, & je divise le tout par la somme des masses ; ce qui donne, pour la vîtesse de $m q^{n-2}$ après le choc, la quantité

$$\frac{\frac{2 q V}{q + 1} \times m q^{n-1} \times 2}{m q^{n-1} + m q^{n-2}} = \frac{4 q^2 V}{(q + 1) \times (q + 1)} = \frac{4 q^2 V}{(q + 1)^2}.$$

Par la même raifon, celle de $m q^{n-3}$ fera

$$\frac{2 \times \frac{4 q^2 V}{(q+1)^2} \times m q^{n-2}}{m q^{n-2} + m q^{n-3}} = \frac{8 q^3 V}{(q+1)^3},$$

& ainfi des autres.

Donc les vîteffes fucceffives forment la fuite géométrique

$$\div V \cdot \frac{2 q V}{q+1} \cdot \frac{4 q^2 V}{(q+1)^2} \cdot \frac{8 q^3 V}{(q+1)^3} \cdots \omega,$$

dans laquelle le quotient eft $= \frac{2 q}{q+1}$.

Ainfi le dernier terme de cette fuite exprimera la vîteffe du dernier corps après le choc.

On fait que dans toute fuite géométrique

$$\omega = A Q^{n-1};$$

donc ici $\omega = V \times \frac{2^{n-1} q^{n-1}}{(q+1)^{n-1}} = \frac{2^{n-1} q^{n-1} V}{(q+1)^{n-1}}.$

Ainfi, le nombre des corps étant n, & le quotient de la fuite géométrique décroiffante étant q, la vîteffe du dernier corps, après le choc, fera

$$\omega = \frac{2^{n-1} q^{n-1} V}{(q+1)^{n-1}}.$$

D'où l'on déduit ce nouveau Théorême :

» Le produit de la vîteffe primitive du » choquant par la puiffance $n-1$ du double

» du quotient de la suite, étant divisé par la
» même puissance de $q + 1$, exprime la vî-
» tesse du dernier corps après le choc.

56. *Exemple.* Soient 100 masses décroif-
santes en progreffion double, dont la pre-
mière ait un dégré de vîtesse ; trouver la
vîtesse du dernier corps après le choc.

Sol. Ici $\qquad V = 1,$

$$q = 2$$

$$n = 100 :$$

mais (55) $\qquad \omega = \dfrac{2^{n-1} q^{n-1} V}{(q+1)^{n-1}} ;$

donc, fubftituant,

$$\omega = \frac{4^{99}}{3^{99}}.$$

Le logarithme de 4 eft 0, 6020600 ;
celui de 3 eft $\qquad$ 0, 4771213 :
je fouftrais le fecond du premier ;
la différence eft $\qquad$ 0, 1249387 :
je multiplie cette différence par l'expofant 99 ;
le produit fera $\qquad$ 12, 3689313.
Mais ce logarithme eft plus grand que celui
des Tables.

Je retranche 9 de la caractériftique ; ce
qui le réduit à $\qquad$ 3, 3689313,
auquel répond à peu près le nombre 2338.

Mais, parceque de la caractériftique du
logarithme j'ai retranché 9, il faut écrire

neuf zéros à la fuite du nombre trouvé 2338 ;
ainfi la 99ᵉ puiffance de $\frac{4}{3}$ fera

$$2338000000000 ;$$

& par conféquent la vîteffe du centieme
corps, après le choc, fera

$$\omega = 2338000000000.$$

57. Cet exemple fuffit pour concevoir l'augmentation prodigieufe de vîteffe qui arrive
dans le choc des corps élaftiques, puifqu'un
feul dégré de vîteffe propagée par une fuite
de 100 corps, en engendre 2338000000000
dégrés.

COROLLAIRE I.

58. Quand tous les corps de la fuite font
égaux, il n'y a point d'augmentation de
vîteffe.

Dém. En ce cas, $q = 1$; donc, fubfti-
tuant dans l'équation de la vîteffe finale, on
trouve $\omega = \dfrac{2^{n-1} \times 1^{n-1} V}{(1+1)^{n-1}} = \dfrac{2V}{2} = V.$

COROLLAIRE II.

59. L'augmentation de vîteffe dans m,
après le choc des corps interpofés, dépend
du nombre de ces corps, & de la grandeur
du quotient qui regne dans la fuite.

Dém. Par la fuppofition, $q > 1$; donc

$2q > q + 1$; ainsi toutes les puissances en-
tieres de $2q$ seront plus grandes que les
puissances semblables de $q + 1$.

De plus, si le nombre des corps est aug-
menté, la puissance $n - 1$ de $2q$ sera plus
grande. Donc, &c.

PROBLEME III.

60. Trouver la somme S de toutes les vîtesses qui ont existé dans chacun des corps
de la suite.

Sol. La vîtesse du premier corps est $= V$:
celle du dernier est $= \dfrac{2^{n-1} q^{n-1} V}{(q+1)^{n-1}}$:
le nombre des termes est $= n$:
le quotient de la suite des vîtesses est $= \dfrac{2q}{q+1}$;
ainsi il ne s'agit que de trouver la somme
d'une suite géométrique, dont on connoît
les extrêmes, le quotient, & le nombre des
termes.

Et comme on demande une expression générale de la somme de toutes les vîtesses,
il faut exécuter toute l'opération.

On sait que, dans toute suite arithmétique, $S = \dfrac{Q - A}{Q - 1}$;
donc, substituant les valeurs de A & Q

prifes dans la queftion préfente, on voit d'abord que

$$\omega Q = \frac{2^{n-1} q^{n-1} V}{(q+1)^{n-1}} \times \frac{2q}{q+1} = \frac{2^n q^n V}{(q+1)^n};$$

donc

$$\omega Q - A = \frac{2^n q^n V}{(q+1)^n} - V = \frac{\left(2^n q^n - (q+1)^n\right) \times V}{(q+1)^n};$$

pareillement $\qquad Q = \frac{2q}{q+1};$

donc $\quad Q - 1 = \frac{2q}{q+1} - 1 = \frac{q-1}{q+1};$

donc

$$\frac{\omega Q - A}{Q - 1} = \frac{\left(2^n q^n - (q+1)^n\right) \times V}{(q+1)^n} \text{ divifé par } \frac{q-1}{q+1};$$

donc

$$\frac{\omega Q - A}{Q - 1} = \frac{\left(2^n q^n \times (q+1) - (q+1)^n \times (q+1)\right) \times V}{(q+1)^n \times (q-1)};$$

donc

$$\frac{\omega Q - A}{Q - 1} = \frac{\left(2^n \times (q^{n+1} + q^n) - (q+1)^{n+1}\right) \times V}{(q+1)^n \times (q-1)};$$

ainfi $S = \dfrac{\left(2^n \times (q^{n+1} + q^n) - (q+1)^{n+1}\right) \times V}{(q+1)^n \times (q-1)}.$

61. Exemple. Soient les maffes $\div$ 8·4·2·1 $\colon$ foit $\qquad V = 1;$

on aura $S = \dfrac{16 \times (32 + 16) - 243}{81} = \dfrac{525}{81} = 6\frac{13}{27}.$

COROLLAIRE I.

62. La vîteſſe produite par le reſſort dans le choc de ces quatre corps eſt $= 5\frac{13}{27}$.

COROLLAIRE II.

63. La ſomme des vîteſſes des corps intermédiaires eſt $= 3\frac{1}{27}$.

Dém. La vîteſſe du premier corps eſt, par ſuppoſition, $= 1$.

Celle du dernier corps eſt $(55) = 2\frac{10}{27}$.

Retranchant ces deux nombres de $6\frac{13}{27}$, il reſte $3\frac{1}{27}$.

REGLE III.

64. Si la maſſe du corps choquant eſt moindre que celle du choqué,

1°. Le corps M ſera réfléchi.

Dém. La vîteſſe de M, après le choc, eſt (38) $\dfrac{MV - mV}{M + m}$:

mais, par ſuppoſition, $M < m$; donc

$$MV < mV;$$

donc la vîteſſe de M ſera négative.

65. 2°. La vîteſſe de M, après le choc, eſt à ſa vîteſſe primitive, comme la différence des maſſes eſt à leur ſomme.

Dém. Il faut faire voir que

$$\frac{MV - mV}{M + m} \cdot V :: M - m \cdot M + m;$$

ce qui est évident.

66. 3°. Le corps m suivra la direction primitive de M, & n'aura qu'une portion de la vîtesse primitive de ce corps.

Dém. La vîtesse de m, après le choc, est

(39) $$\frac{2MV}{M + m};$$

laquelle est positive, & n'est plus qu'une fraction de V, puisque $M < m$.

COROLLAIRE I.

67. La différence des vîtesses de m & M, après le choc, est égale à la vîtesse primitive de M.

Dém. La différence de ces vîtesses est

$$\frac{2MV}{M + m} - \left(\frac{MV - mV}{M + m} \right) = \frac{2MV - MV + mV}{M + m} = V;$$

donc, &c.

COROLLAIRE II.

68. Si, au lieu de m, on prend successivement des corps plus grands, $m + d, m + d', m + d'', m + d''',$ &c. la vîtesse du choqué deviendra continuellement moindre.

Dém. La vîtesse de m, après le choc, est

(39) $$\frac{2MV}{M + m} :$$

pareillement celle de $m + d$ seroit

$$\frac{2MV}{M+m+d};$$

celle de $m + d'$ seroit

$$\frac{2MV}{M+m+d'};$$

& ainsi de suite.

Or toutes ces fractions décroissent, puisque les dénominateurs deviennent successivement plus grands.

COROLLAIRE III.

69. La vîtesse décroît continuellement, lorsque le mouvement se propage par une suite géométrique ascendante de corps élastiques.

Dém. Soit la suite

$$\div M \cdot Mq \cdot Mq^2 \cdot Mq^3 \cdot Mq^4 \ldots Mq^{n-1}:$$

soit la vîtesse du premier corps $= V$: celle du second sera (39)

$$\frac{2MV}{Mq+M} = \frac{2V}{q+1}:$$

celle de Mq^2 sera (50)

$$\frac{\frac{2V}{q+1} \times Mq \times 2}{Mq^2 + Mq} = \frac{4V}{(q+1)^2}:$$

celle de Mq^3 sera

$$\frac{8V}{(q+1)^3}:$$

celle du dernier sera égale à

$$\frac{2^{n-1}V}{(q+1)^{n-1}};$$

ainsi la suite des vîtesses sera

$$\div \; V \cdot \frac{2V}{q+1} \cdot \frac{4V}{(q+1)^2} \cdot \frac{8V}{(q+1)^3} \cdots \frac{2^{n-1}V}{(q+1)^{n-1}},$$

qui est géométrique, & dont le quotient est $=\frac{2}{q+1}$: or il est évident que cette suite est décroissante, puisque le quotient $\frac{2}{q+1}$ est moindre que l'unité, à cause de $q > 1$.

Remarque.

L'on voit par ce dernier Corollaire que, dans la supposition de la troisieme Regle, *la plus grande* vîtesse est toujours la vîtesse primitive du corps choquant. S'il y a donc un *maximum*, dans la même supposition, il se réduit à la diminution *la plus lente* de vîtesse, qui a effectivement lieu dans le cas du troisieme Corollaire : & c'est en ce sens que doivent s'entendre les propositions de MM. Wolf & Bernoülly sur le cas du *maximmm* ; en tout autre sens, elles seroient inexactes.

SECONDE HYPOTHESE.

70. Je suppose les corps M & m mus en même sens avant le choc.

COROLLAIRE.

71. Dans cette hypothese, la vîtesse de M, après le choc, est (31)

$$\frac{MV - mV + 2mu}{M + m};$$

& celle de m, après le choc, est (36)

$$\frac{2MV - Mu + mu}{M + m}.$$

Dans la même hypothese, M peut être égal, ou plus grand, ou moindre que m.

PREMIERE REGLE.

72. Lorsque les masses sont égales, il se fait une permutation de vîtesses.

Dém. Il faut faire voir que la vîtesse de M, après le choc, sera $= u$, & que celle de m sera $= V$.

Or, 1°. la vîtesse de M, après le choc, est (71) $\frac{MV - mV + 2mu}{M + m}$:

mais, par supposition, $M = m$; donc

$$MV - mV = 0;$$

ainsi la vîtesse de M, après le choc, se réduit à $\frac{2mu}{2m} = u.$

2°. La vîteſſe de m, après le choc, eſt

(71) $\dfrac{2MV - Mu + mu}{M + m}$;

donc, ſubſtituant M au lieu de m, on a

$$\frac{2MV - Mu + Mu}{M + m} = V.$$

COROLLAIRE I.

73. Les deux corps ſuivront, après le choc, leur direction primitive, puiſqu'ils feront animés de leurs vîteſſes primitives.

COROLLAIRE II.

74. Les deux corps s'écarteront, après le choc, auſſi promptement qu'ils s'étoient approchés l'un de l'autre.

REGLE II.

75. Si le choquant a plus de maſſe que le choqué,

1°. M aura, après le choc, plus de vîteſſe que n'en avoit m avant la colliſion.

Dém. La vîteſſe de M, après le choc, eſt (71) $\dfrac{MV - mV + 2mu}{M + m}$:

or cette vîteſſe eſt plus grande que u ; car, ſouſtrayant u, on aura

$$\frac{MV - mV + 2mu}{M + m} - u = \frac{MV - mV + mu - Mu}{M + m} ,$$

qui eſt une différence réelle, puiſqu'elle eſt

le produit de $M - m$ par $V - u$, qui sont des quantités positives.

COROLLAIRE.

76. Le choquant suivra sa premiere direction.

Dém. La vîtesse de M, après le choc, est positive, puisqu'elle est plus grande que u.

77. 2°. La vîtesse de m, après le choc, sera plus grande que la vîtesse primitive de M.

Dém. La vîtesse de m, après le choc, est (71) $\dfrac{2MV - Mu + mu}{M + m}$:

or cette vîtesse est plus grande que V; car, si l'on en retranche V, on trouve

$$\frac{2MV - Mu + mu}{M + m} - V = \frac{MV - mV - Mu + mu}{M + m};$$

qui est une différence positive.

COROLLAIRE.

78. Le choqué suivra sa premiere direction; puisque sa vîtesse, après le choc, est positive.

REGLE III.

79. Si le corps choquant a moins de masse que le choqué,

1°. La vîteſſe de m, après le choc, ſera moindre que la vîteſſe primitive de M.

Dém. La vîteſſe de m, après le choc, eſt

(71)
$$\frac{2MV - Mu + mu}{M + m}:$$

or cette quantité eſt moindre que V; car, en la retranchant de V, on aura

$$V - \left(\frac{2MV - Mu + mu}{M + m}\right) = \frac{mV - mu + Mu - MV}{M + m},$$

qui eſt une différence poſitive, puiſqu'elle eſt le produit de $V - u$ par $m - M$, qui ſont deux grandeurs réelles.

80. 2°. Le choquant ſera en repos après la colliſion, lorſque

$$mV = MV + 2mu,$$

puiſqu'en ce cas toute ſa vîteſſe, après le choc, eſt $= 0$.

Il ſera réfléchi, lorſque

$$mV > MV + 2mu;$$

car alors ſa vîteſſe, après le choc, ſera né-gative.

Enfin, il ſuivra ſa premiere direction, lorſque $mV < MV + 2mu,$
puiſque dans cette ſuppoſition ſa vîteſſe, après le choc, eſt poſitive.

TROISIEME HYPOTHESE.

81. Je suppose que les corps M & m viennent en sens contraires avant le choc.

COROLLAIRE.

82. Dans cette hypothese, la vîtesse de M, après le choc, sera (31).

$$\frac{MV - mV - 2mu}{M + m};$$

& celle de m, après le choc, sera (36)

$$\frac{2MV + Mu - mu}{M + m}.$$

Dans cette troisieme hypothese, il peut se trouver égalité de masses, égalité de vîtesses primitives, ou inégalité tant entre les masses qu'entre les vîtesses.

PREMIERE REGLE.

83. Si des masses égales se choquent avec des vîtesses égales, elles seront réfléchies avec leurs vîtesses primitives.

Dém. La vîtesse de M, après le choc, est (82) $\dfrac{MV - mV - 2mu}{M + m}$;

donc, à cause de $M = m$ & $V = u$, elle se réduit à $\dfrac{MV - MV - 2MV}{2M} = -V$:

pareillement

pareillement la vîtesse de m, après le choc,

est (82) $\dfrac{2MV + Mu - mu}{M + m}$;

& substituant, on trouve

$$\frac{2MV + MV - MV}{2M} = +V ;$$

ainsi les vîtesses, après le choc, sont $-V$ & $+V$, qui sont précisément les vîtesses primitives, prises en sens contraires.

REGLE II.

84. Si les vîtesses sont inégales, les masses étant les mêmes, les corps échangeront leurs vîtesses primitives.

Dém. La vîtesse de m, après le choc, est (82) $\dfrac{2MV + Mu - mu}{M + m}$;

qui, à cause de $M = m$, se réduit à

$$\frac{2MV}{2M} = V :$$

pareillement la vîtesse de M, après le choc,

est (82) $\dfrac{MV - mV - 2mu}{M + m}$,

qui se réduit aussi à

$$- \frac{2mu}{2m} = -u .$$

COROLLAIRE.

85. Les deux corps seront réfléchis.

D

Dém. Le corps m sera mu avec la vîtesse V (84); donc il ira dans le sens de V; ainsi il sera réfléchi.

Pareillement M ira en sens contraire avec la vîtesse u; donc, &c.

REGLE III.

86. Si, les vîtesses étant les mêmes, les masses sont inégales,

1°. Le corps M sera en repos après le choc, lorsque $M = 3\,m$.

Il suivra sa premiere direction, lorsque $M > 3\,m$.

Enfin il sera réfléchi, lorsque $M < 3\,m$.

Dém. La vîtesse de M, après le choc, est (82)
$$\frac{MV - mV - 2mu}{M + m},$$
qui, à cause de $V = u$, se réduit à
$$\frac{MV - 3mV}{M + m}:$$

or il est évident que $\frac{MV - 3mV}{M + m} = 0$, lorsque $M = 3\,m$; que cette fraction est positive, lorsque $M > 3\,m$; enfin que sa valeur est négative, lorsque $M < 3\,m$.

87. 2°. La vîtesse de m, après le choc, sera fraction $\frac{3M - m}{M + m}$ de l'une des vîtesses primitives.

Dém. La vîtesse de m, après le choc, est
(82)
$$\frac{2MV + Mu - mu}{M+m},$$
qui, à cause de $V = u$, se réduit à
$$\frac{3MV - mV}{M+m} + \frac{3M-m}{M+m} \text{ de } V, \text{ ou de } u.$$

REGLE IV.

88. Si les vîtesses, avant le choc, sont en raison inverse des masses, les vîtesses, après le choc, seront — V & u.

Dém. La vîtesse de M, après le choc, est (82)
$$\frac{MV - mV - 2mu}{M+m} :$$
mais, par supposition, $M \cdot m :: u \cdot V$; donc
$$2MV = 2mu ;$$
donc, substituant, on trouve, pour la vîtesse de M après le choc,
$$\frac{-MV - mV}{M+m} = \frac{(M+m) \times -V}{M+m} = -V.$$

De même la vîtesse de m, après le choc, est (82)
$$\frac{2MV + Mu - mu}{M+m},$$
qui, par une substitution pareille à la précédente, devient
$$\frac{2mu - mu + Mu}{M+m} = \frac{Mu + mu}{M+m} = u.$$

COROLLAIRE.

89. Les deux corps seront réfléchis avec leurs vîtesses primitives ; puisque leurs vî-

teſſes, après le choc, ſont $- V$ & $+ u$, qui ſont en ſens contraires.

R E G L E V.

90. Lorſque les maſſes & les vîteſſes ſont inégales,

1°. M ſera en repos après le choc, ſi
$$M V = (V + 2 u) \times m.$$

Il ſuivra ſa premiere direction, ſi
$$M V > (V + 2 u) \times m.$$

Enfin il ſera réfléchi, ſi
$$M V < (V + 2 u) \times m.$$

Dém. La vîteſſe de M, après le choc, eſt (82) $\quad \dfrac{M V - m V - 2 m u}{M + m}.$

Or, dans la premiere ſuppoſition, cette fraction eſt $= 0$.

Dans la ſeconde, elle eſt poſitive.

Dans la troiſieme, elle eſt négative.

91. 2°. m ſera en repos après le choc, ſi
$$m u = (2 V + u) \times M.$$

Il ſuivra ſa premiere direction, ſi
$$m u < (2 V + u) \times M.$$

Enfin il ſera réfléchi, ſi
$$m u > (2 V + u) \times M.$$

Dém. La vîteſſe de m, après le choc, eſt (82) $\quad \dfrac{2 M V + M u - m u}{M + m};$

laquelle eſt $= 0$, dans le premier cas ; eſt poſitive, dans le ſecond ; devient négative, dans la troiſieme ſuppoſition.

COROLLAIRES GÉNÉRAUX.

Des principes de cette théorie, on peut encore déduire les propoſitions ſuivantes.

PREMIERE PROPOSITION.

92. Quelles que ſoient les directions avant le choc, la ſomme des mouvemens, après le choc, ſera $= MV \pm mu$.

Dém. L'équation de la vîteſſe pour M, après le choc, eſt (31)

$$x = \frac{MV - mV \pm 2mu}{M + m} ;$$

donc le mouvement de ce corps ſera

$$\frac{M^2V - Mmu \pm 2Mmu}{M + m} :$$

l'équation de la vîteſſe de m, après le choc, eſt (36) $y = \dfrac{2MV \mp Mu \pm mu}{M + m} ;$

donc le mouvement de m ſera

$$\frac{2MmV \mp Mmu \pm m^2u}{M + m}$$

ainſi la ſomme des mouvemens, après le choc, ſera

$$\frac{M^2V - MmV \pm 2Mmu + 2MmV \mp Mmu \pm m^2u}{M + m} :$$

réduisant, & achevant la division, cette somme sera $MV \pm mu$.

COROLLAIRE.

Si m est en repos avant le choc, la somme des mouvemens, après le choc, sera $= MV$.

PROPOSITION II.

93. Si l'on multiplie chaque masse par le quarré de sa vîtesse, la somme des produits sera la même avant & après le choc, quelles que soient les directions primitives de M & de m.

Dém. L'équation de la vîtesse de M, après le choc, est (31)

$$x = \frac{MV - mV \pm 2mu}{M + m};$$

donc le quarré de cette vîtesse sera

$$\frac{M^2V^2 - 2MmV^2 + m^2V^2 \pm 4MmVu \mp 4m^2Vu + 4m^2u^2}{(M + m)^2};$$

& multipliant par la masse M, on aura

$$\frac{M^3V^2 - 2M^2mV^2 + Mm^2V^2 \pm 4M^2mVu \mp 4Mm^2Vu + 4Mm^2u^2}{(M + m)^2};$$

l'équation de la vîtesse de m, après le choc, est (36)

$$y = \frac{2MV \mp Mu \pm mu}{M + m};$$

donc le quarré de la vîtesse sera

$$\frac{4M^2V^2 \mp 4M^2Vu + M^2u^2 \pm 4MmVu - 2Mmu^2 + m^2u^2}{(M + m)^2};$$

& multipliant par la maſſe m, on a

$$\frac{4M^2mV^2 \mp 4M^2mVu + M^2mu^2 \pm 4Mm^2Vu - 2Mm^2u^2 + m^3u^2}{(M+m)^2}:$$

ajoutant enſemble ces deux produits, & réduiſant, on aura

$$\frac{M^3V + 2M^2mV^2 + Mm^2V^2 + M^2mu^2 + 2Mm^2u^2 + m^3u^2}{M^2 + 2Mm + m^2} =$$

$MV^2 + mu^2$, qui eſt la ſomme des produits des maſſes par les quarrés des vîteſſes primitives.

COROLLAIRE I.

94. Si m eſt en repos avant le choc, la ſomme des produits des maſſes par les quarrés des vîteſſes, après le choc, ſera égale au produit de la maſſe du choquant par le quarré de ſa vîteſſe primitive.

Dém. Si m eſt en repos avant le choc, tous les termes de la ſomme précédente dans leſquels ſe trouve u, ſe réduiſent à zéro; donc la même ſomme ſe réduit à

$$\frac{M^3V + 2M^2mV^2 + Mm^2V^2}{M^2V + 2Mm + m^2} = MV^2;$$

donc, &c.

COROLLAIRE II.

95. Cette propoſition contient un principe très utile pour la ſolution de pluſieurs

problêmes de Dynamique : je veux dire, *la loi de la conservation des forces vives*. Cette loi, en effet, n'exprime que *l'égalité entre les sommes des produits des masses par les quarrés des vîtesses avant & après le choc.*

PROPOSITION III.

96. Quelles que soient les directions primitives de M & m, la différence des vîtesses, après le choc, est toujours $= V \mp u$.

Dém. La vîtesse de m, après le choc, est (36)

$$\frac{2MV \mp Mu \pm mu}{M + m} :$$

celle de M est (31)

$$\frac{Mu - mV \pm 2mu}{M + m} ;$$

donc, soustrayant cette quantité de la précédente, on aura

$$\frac{2MV \mp Mu \pm mu - MV + mV \mp 2mu}{M + m} = \frac{MV + mV \mp Mu \mp mu}{M + m}$$

$$= V \mp u.$$

COROLLAIRE.

97. Si m est en repos avant le choc, la différence des vîtesses, après le choc, égalera la vîtesse primitive du choquant.

Dém. Cette différence (96) est $= V \mp u$: mais, par supposition, $u = o$; donc la différence est $= V$.

PROPOSITION IV.

98. Si les deux corps M & m se choquent de nouveau avec leurs vîtesses acquises, ils recouvreront par le second choc leurs vîtesses primitives.

Dém. L'équation de la vîtesse de M, après le premier choc, est (31)

$$x = \frac{MV - Mu \pm 2mu}{M + m}:$$

celle de m sera (36)

$$y = \frac{2MV \mp Mu \pm mu}{M + m};$$

donc, après le second choc, l'équation de la vîtesse pour M sera

$$x' = \frac{Mx - mx \pm 2my}{M + m};$$

& pour m, l'équation sera

$$y' = \frac{2Mx \mp My \pm my}{M + m}:$$

substituant les valeurs de x & de y dans ces deux dernieres équations, & réduisant, on aura pour M

$$x' = \frac{M^2 V + 4MmV + m^2 V}{(M + m)^2} = V;$$

& pour m, on aura

$$y' = \frac{M^2 u + 2Mmu + m^2 u}{(M + m)^2} = u.$$

COROLLAIRE.

99. Si m avoit été en repos avant le premier choc, il seroit réduit au repos par le second choc.

TROISIEME PARTIE.

Sur les corps à ressort imparfait.

PREMIER AXIOME.

100. Dans le choc des corps imparfaitement élastiques, la percussion ou compression fait perdre au choquant M une portion de sa vîtesse primitive.

AXIOME II.

101. Dans les mêmes corps, la restitution fait perdre à M une seconde portion de sa vîtesse primitive.

COROLLAIRE.

102. La somme des vîtesses perdues, tant par le choc que par la restitution, sera toute la vîtesse que perd M.

PROBLEME I.

103. Trouver la vîtesse x que perd M par la seule collision.

Sol. Selon le n°. 9, cette vîtesse est

$$x = \frac{m\,V \mp m\,u}{M + m}.$$

COROLLAIRE.

104. Si m est en repos avant le choc, alors

$$x = \frac{M\,V}{M + m}.$$

PROBLEME II.

105. Trouver la vîtesse y perdue par M, à raison de la restitution.

Sol. Quel que soit le rappprt de la force de compression à celle de restitution, je l'exprime par $\frac{q}{p}$; donc le rapport des vîtesses perdues à raison de ces deux forces sera aussi $\frac{q}{p}$: mais la vîtesse perdue à raison de la compression seule est (103)

$$\frac{m\,V \mp m\,u}{M + m};$$

donc on aura la proportion

$$p \cdot q :: \frac{m\,V \mp m\,u}{M + m} \cdot y;$$

donc

$$y = \frac{q}{p} \times \frac{m\,V \mp m\,u}{M + m}.$$

COROLLAIRE I.

106. Cette solution contient le Théorême suivant.

» La vîteſſe perdue par M à raiſon du » reſſort ſeul eſt toujours la fraction $\frac{1}{p}$ de » celle qu'il perdroit s'il étoit ſans reſſort.

COROLLAIRE II.

107. Lorſque m eſt en repos avant le choc, la vîteſſe perdue par M en vertu de ſon reſſort eſt $y = \frac{q}{p} \times \frac{mV}{M+m}$.

COROLLAIRE III.

108. Dans la même ſuppoſition, ſi l'on fait m ſucceſſivement égal, double, triple, &c. de M, les vîteſſes que perd M par ſon reſſort ſeront ſucceſſivement

$$\frac{q}{2p}, \quad \frac{2q}{3p}, \quad \frac{3q}{4p}, \quad \&c. \quad de \quad V.$$

109. Mais ſi l'on fait M égal, double, triple, &c. de m, les vîteſſes perdues ſeront ſucceſſivement

$$\frac{q}{2p}, \quad \frac{q}{3p}, \quad \frac{q}{4p}, \quad \&c. \quad de \quad V.$$

PROBLEME III.

110. Déterminer toute la vîteſſe t perdue par M dans le choc.

Sol. La vîteſſe perdue à raiſon de la compreſſion eſt (103)

$$x = \frac{mV \mp mu}{M+m};$$

celle que fait perdre la reſtitution eſt (105)

$$y = \frac{q}{p} \times \frac{mV \mp mu}{M + m} :$$

mais (102) $\qquad t = x + y$;

donc $\qquad t = \frac{mV \mp mu}{M + m} + \frac{q}{p} \times \frac{mV \mp mu}{M + m}.$

C O R O L L A I R E I.

111. Dans le cas du reſſort parfait, toute la vîteſſe perdue par M ſera

$$\frac{2mV \mp 2mu}{M + m}.$$

Dém. Lorſque le reſſort eſt parfait, la force de reſtitution eſt égale à celle de compreſſion ; donc $\frac{q}{p} = 1$; donc

$$\frac{q}{p} \times \frac{mV \mp mu}{M + m} + \frac{mV \mp mu}{M + m} = \frac{2mV \mp 2mu}{M + m} ;$$

ce qui s'accorde avec le n°. 28.

C O R O L L A I R E II.

112. Toute la vîteſſe perdue par M eſt la fraction $\frac{p + q}{p}$ de celle qu'il auroit perdue s'il avoit été ſans reſſort.

Dém. Par le Problême du n°. 110,

$$t = \frac{mV \mp mu}{M + m} + \frac{q}{p} \times \frac{mV \mp mu}{M + m} ;$$

donc, réduiſant au même dénominateur,

$$t = \frac{p + q}{p} \text{ de } \frac{mV \mp mu}{M + m}.$$

COROLLAIRE III.

113. Si m eſt en repos avant le choc,
alors $$t = \frac{(p+q) \times m}{p \times (M+m)} \text{ de } V.$$

PROBLEME IV.

114. Troûver la vîteſſe totale de M après le choc.

Sol. Il eſt évident que M aura, après le choc, toute ſa vîteſſe primitive, excepté ce qu'il en aura perdu dans le choc ; donc la vîteſſe totale de M, après le choc, ſera

$$T = V - t :$$

mais (110)

$$t = \frac{mV \mp mu}{M+m} + \frac{q}{p} \times \frac{mV \mp mu}{M+m} ;$$

donc la vîteſſe totale ſera

$$T = V - \left(\frac{mV \mp mu}{M+m} \right) - \frac{q}{p} \times \left(\frac{mV \mp mu}{M+m} \right) ;$$

& réduiſant le tout en fraction, l'équation de la vîteſſe totale de M, après le choc, ſera

$$T = \frac{p \times MV - q \times mV \pm (p+q) \times mu}{p \times (M+m)}.$$

Exemple. Soit $\frac{q}{p} = \frac{2}{3}$; c'eſt-à dire, ſoit la force de reſtitution à celle de compreſſion comme 2 à 3 : alors

$$T = \frac{3\,MV - 2\,mV \pm 5\,mu}{3\,M + 3\,m},$$

comme dans les Expériences de Newton.

COROLLAIRE I.

115. Si m est en repos avant le choc, la vîtesse totale de M, après le choc, sera

$$\frac{p \times MV - q \times mV}{p \times (M + m)}.$$

COROLLAIRE II.

116. Lorsque le ressort est nul, la vîtesse totale de M, après le choc, sera

$$\frac{MV \pm mu}{M + m},$$

comme au n°. 8.

Dém. Selon le n°. 114,

$$T = \frac{p \times MV - q \times mV \pm (p + q) \times mu}{p \times (M + m)} :$$

or, par supposition, $q = 0$; donc

$$T = \frac{MV \pm mu}{M + m}.$$

COROLLAIRE III.

117. Dans le cas du ressort parfait, l'équation de la vîtesse totale sera, comme au n°. 31, $\quad T = \dfrac{MV - mV \pm 2\,mu}{M + m},$

puisque dans cette supposition $q = p$.

AXIOME

AXIOME III.

118. Le corps choqué m gagne par la percussion quelque quantité de vîtesse.

AXIOME IV.

119. Le même corps gagne encore une seconde quantité de vîtesse en vertu de la restitution.

COROLLAIRE.

120. Toute la vîtesse gagnée par m sera la somme de celles qu'il acquiert, tant à raison de la percussion, qu'en vertu de son ressort.

PROBLEME I.

121. Déterminer la vîtesse y gagnée par m en vertu de la seule percussion.

Sol. Cette vîtesse est, comme au n°. 11,

$$y = \frac{MV \mp Mu}{M+m}.$$

COROLLAIRE.

122. Si m est en repos avant la collision, alors

$$y = \frac{MV}{M+m}.$$

E

P R O B L E M E   II.

123. Trouver la vîtesse z gagnée par *m* à raison de sa restitution.

Sol. La vîtesse gagnée par *m* à raison de la seule percussion est (121)

$$y = \frac{MV \mp Mu}{M + m};$$

donc, conservant le rapport $\frac{q}{p}$ de la force de percussion à celle de restitution, on aura

$$p \cdot q :: \frac{MV \mp Mu}{M + m} \cdot z;$$

donc
$$z = \frac{q}{p} \times \frac{MV \mp Mu}{M + m}.$$

C O R O L L A I R E   I.

124. Cette solution nous donne le Théorême suivant.

» La vîtesse gagnée par *m* à raison du
» ressort seul, n'est que la fraction $\frac{q}{p}$ de
» celle qu'il auroit acquise par la seule per-
» cussion.

C O R O L L A I R E   II.

125. Si *m* est en repos avant la collision, la vîtesse qu'il gagne en vertu du ressort est
$$z = \frac{q}{p} \times \frac{MV}{M + m}.$$

COROLLAIRE III.

126. Dans la même hypothese, si m est successivement égal, double, triple, &c. de M, la vîtesse gagnée par m en vertu de son ressort, sera successivement

$$\frac{q}{2p}, \ \frac{q}{3p}, \ \frac{q}{4p}, \ \&c. \ de \ V.$$

127. Mais si l'on fait M successivement égal, double, triple, &c. de m, les vîtesses acquises en vertu du ressort seront successivement $\frac{q}{2p}, \ \frac{2q}{3p}, \ \frac{3q}{4p}$, &c. de V.

COROLLAIRE IV.

128. En joignant ces deux articles avec les nᵒˢ. 108 & 109, l'on voit que, dans les mêmes cas, la somme des vîtesses, perdue par M & gagnée par m en vertu du ressort, est égale à la fraction $\frac{q}{p}$ de la vîtesse primitive ; car il est évident que $\frac{q}{2p}$ de $V +$ $\frac{q}{2p}$ de $V = \frac{q}{p}$ de V.

PROBLEME III.

129. Déterminer toute la vîtesse t gagnée par m dans le choc.

Sol. La vîtesse gagnée à raison de la per-
cuffion eft (121)

$$y = \frac{MV \mp Mu}{M+m} :$$

celle que m acquiert par la reftitution eft
(123) $z = \frac{q}{p} \times \frac{MV \mp Mu}{M+m} :$

mais (120) $t = y + z ;$

donc $t = \dfrac{MV \mp Mu}{M+m} + \dfrac{q}{p} \times \dfrac{MV \mp Mu}{M+m} ;$

& réduifant au même dénominateur, on a

$$t = \frac{p+q}{p} \times \frac{MV \mp Mu}{M+m} .$$

C O R O L L A I R E I.

130. Cette folution fournit le Théorême
fuivant.

    „ Toute la vîtesse acquife par m n'eft que
„ la fraction $\dfrac{p+q}{p}$ de celle qu'il auroit ac-
„ quife s'il avoit été fans refsort.

C O R O L L A I R E II.

131. Si m eft en repos avant le choc,
on aura $t = \dfrac{p+q}{p} \times \dfrac{MV}{M+m} .$

C O R O L L A I R E III.

132. Si $q = p$, qui eft le cas du refsort
parfait, on a $t = \dfrac{2MV \mp 2Mu}{M+m} ;$

ce qui s'accorde avec le n°. 33.

COROLLAIRE IV.

133. Si $q = 0$, ou si le ressort est nul, alors
$$t = \frac{MV \mp Mu}{M + m},$$
comme dans l'article 11.

PROBLEME IV.

134. Trouver la vîtesse totale de m après le choc.

Sol. Si les corps vont en même sens avant le choc, la vîtesse totale de m, après le choc, sera la somme de sa vîtesse primitive & de toute sa vîtesse acquise ; donc on aura
$$S = u + \frac{MV \mp Mu}{M + m} + \frac{q}{p} \times \frac{MV \mp Mu}{M + m} :$$
mais s'ils viennent en sens contraires, m n'aura que l'excès de la vîtesse acquise sur sa vîtesse primitive ; donc alors
$$S = \frac{MV \mp Mu}{M + m} - u + \frac{q}{p} \times \frac{MV \mp Mu}{M + m} ;$$
donc, dans les deux cas, la vîtesse totale de m sera
$$S = \frac{q}{p} \times \left(\frac{MV \mp Mu}{M + m} \right) + \frac{MV \mp Mu}{M + m} \pm u ;$$
& mettant $\pm u$ en fraction, on aura
$$S = \frac{q}{p} \times \left(\frac{MV \mp Mu}{M + m} \right) + \frac{MV \mp mu}{M + m} ;$$

enfin, réduisant au même dénominateur, on trouve

$$S = \frac{(p+q)\times MV \mp q \times Mu \pm p \times mn}{p \times (M+m)}.$$

Exemple. Soit $\frac{q}{p} = \frac{4}{5}$; c'est-à-dire, soient deux corps dans lesquels la force de restitution soit à celle de compression comme 4 est à 5 : alors

$$S = \frac{9\,MV \mp 4\,Mu \pm 5\,mu}{5\,M + 5\,m}.$$

COROLLAIRE I.

135. Si m est en repos avant le choc, sa vîtess totale, après la collision, sera

$$\frac{p+q}{p} \times \frac{MV}{M+m}.$$

COROLLAIRE II.

136. Si $q = p$, qui est le cas du ressort parfait, alors

$$S = \frac{2\,MV \mp Mu \pm mu}{M+m},$$

comme on l'a vu dans l'article 36.

COROLLAIRE III.

137. Si $q = 0$, qui est le cas où le ressort seroit nul, alors

$$S = \frac{MV \mp mu}{M+m};$$

ce qui s'accorde parfaitement avec l'art. 8.

CONCLUSION.

138. Pour déterminer avec précision tous les effets de la collision dans l'état réel & physique, il faut joindre à cette Théorie une Table générale des rapports de la force de compression à celle de restitution. C'est par des expériences suivies & raisonnées que l'on peut découvrir ces rapports dans les différens corps.

Pour rendre complette la théorie du choc direct, il faudroit y ajouter une quatrieme Partie sur les corps inégalement élastiques : mais cette recherche est un ouvrage digne des plus grands Géometres.

F I N.

www.ingramcontent.com/pod-product-compliance
Ingram Content Group UK Ltd.
Pitfield, Milton Keynes, MK11 3LW, UK
UKHW031826170726
13836UKWH00004B/1519